精彩广播剧
请扫二维码

万物有话说

给孩子的人文科学启蒙书

我是 ① 太阳先生

黄 胜 ◎ 文

海南出版社

·海口·

问号先生和叹号小姐做了一档有趣的节目，叫作《万物有话说》。他们会把小朋友们感兴趣的**现象**和**事物**的主人公请到直播间，讲述自己的**故事**。

问号先生同意了。于是，叹号小姐便把太阳先生请到了直播间。

小朋友，你们好！我是**太阳**。听说你们对我很好奇，很想了解我，那我就跟你们讲一讲我的故事吧！

我是怎么来到这个世界的，有很多**传说**。有人说，
我是开天辟地的**盘古**的一只**眼睛**幻化成的。

也有人说，
她一共生了
东海外，那儿
我和兄弟们
扶桑树上

我是**帝俊**的儿子，我的**母亲**叫羲和，
十个像我这样的孩子。我们十兄弟住在
有一潭很清澈的水，叫**汤谷**。
经常在汤谷中洗澡，洗累了就在旁边的
休息。

真没有想到，我还有母亲和兄弟呀！

10

我们总是一起跑出去玩，**白天**同时出现在天空。我们玩得**高兴**，但是生活在大地上的人们却惨了。因为，我们就是一个一个的**大火球**，给大地带去了严重的**旱灾**，让人们都没法生活了。

只需要一个太阳就够了！

于是，天神后羿来到人间，他一口气射死了
我的九个兄弟，只留下了我。

可是，事情还没结束。虽然天空中只剩下我一个，但人们仍然觉得我是造成旱灾的**罪魁祸首**。

然后，有一个叫**夸父**的巨人出现了。
他想抓住我，却渴死在**追赶**我的路上。

听到这里，你们是不是觉得，
我是一个坏太阳？

当然不是了！古时候，人们虽然还**不像**现在这样了解我，但是他们也知道是我给大地带来了**光明**和**温暖**。

正因为如此，出现日食时，人们不知道这是一种天文现象，还以为是有一只叫天狗的凶神要吃掉我。于是人们想办法赶走天狗，保护我。

惊慌的人们，又敲锣又放鞭炮，希望能吓走天狗！

人们是在不断地**探索**中慢慢**了解**我的。虽然其中也充满了**猜想**，不一定正确，但正是因为这种**探索精神**，人们才知道了我更多的**秘密**。

比如，为什么我只在白天出现？
晚上又去哪儿了呢？

如果用神话来解释，就是我晚上回到了汤谷，洗了个澡，然后在扶桑树上睡觉了。接着，人们又有一个疑问：第二天清晨，我是怎么从东方天空升起的？

曾经在很长一段时间内，人们都认为地球是**宇宙**的中心，我在围着地球**转动**。直到若干年后，才有人说我是宇宙的**中心**，不仅是**地球**，太阳系的行星们都围着我**转动**。

太阳才是宇宙的中心。

哥白尼

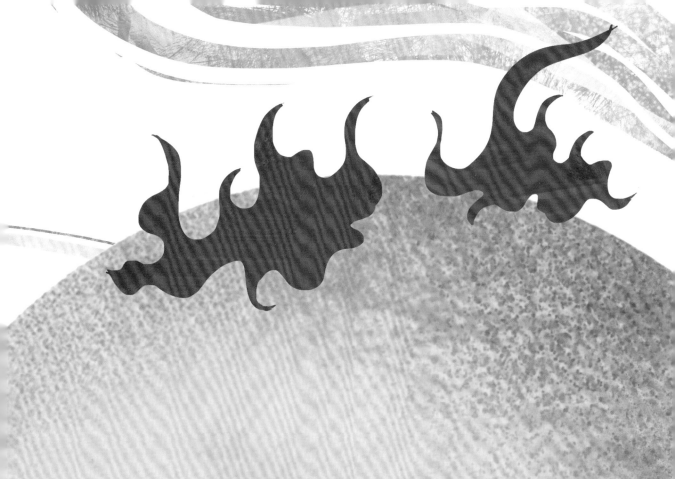

我的质量约是 1.9892×10^{30} 千克，是地球质量的 33 万倍。我可以装下 130 万个地球。

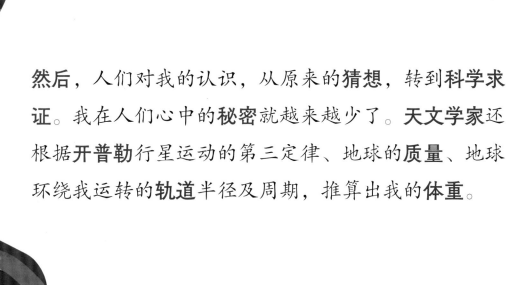

然后，人们对我的认识，从原来的**猜想**，转到科学求证。我在人们心中的**秘密**就越来越少了。**天文学家**还根据**开普勒**行星运动的第三定律、地球的**质量**、地球环绕我运转的**轨道**半径及周期，推算出我的**体重**。

在茫茫的星空中，星体能够有秩序、有规律地运动，是因为它们之间存在着一种力，叫作万有引力。

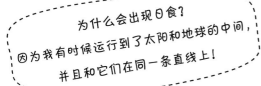

为什么会出现日食？
因为我有时候运行到了太阳和地球的中间，
并且和它们在同一条直线上！

我在围绕太阳转动的同时，还不停地
自转。我面对太阳的一面就是白天，
背对着太阳的一面就是黑夜。因为我是
自西向东自转的，所以太阳看起来是
每天从东方升起，西方落下。

人们慢慢地知道，相对于**地球**我是**静止**的，地球以我为中心，围着我转动。于是，原来很多**无法解释**清楚的事，现在变得十分简单、**合理**了。

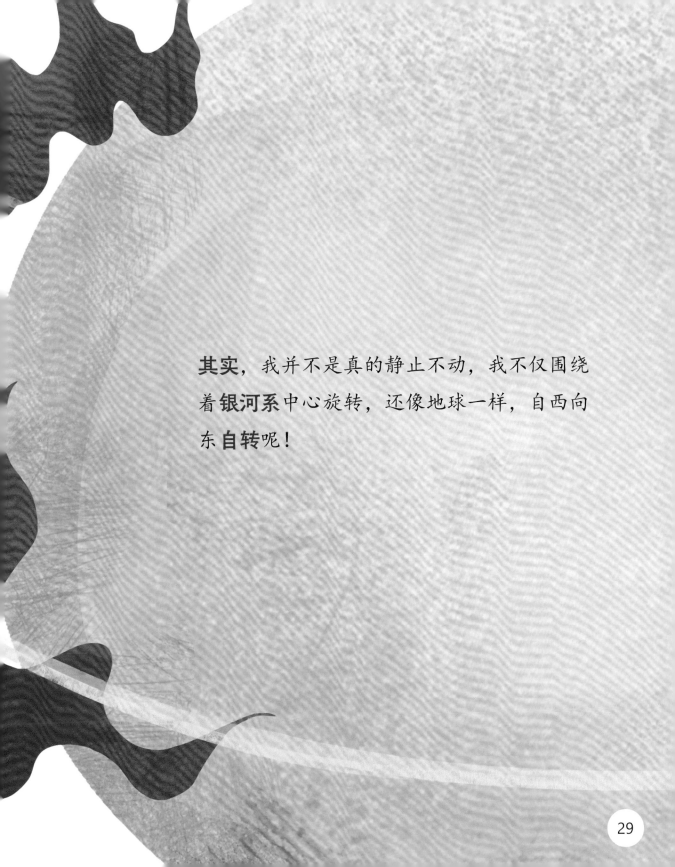

其实，我并不是真的静止不动，我不仅围绕着**银河系**中心旋转，还像地球一样，自西向东**自转**呢！

对于自己，我也有很多的**疑惑**。比如，我是怎么来的，**年纪**多大了，是由什么组成的，为什么一直在**燃烧**……

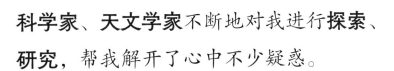

科学家、天文学家不断地对我进行**探索、研究**，帮我解开了心中不少疑惑。

1. 大约 46 亿年前，我在一个坍缩的氢分子云内形成。

2. 我是位于太阳系中心的恒星。

3. 从化学元素组成来看，我大约 3/4 是氢，其次是氦，以及少量的氧、碳、氖、铁等重元素。

4. 我采用核聚变的方式释放光和热。

没想到，我的年纪会这么大。

我高兴的同时，又有些难过。

因为，我知道身体内的氢会慢慢地燃烧干净。

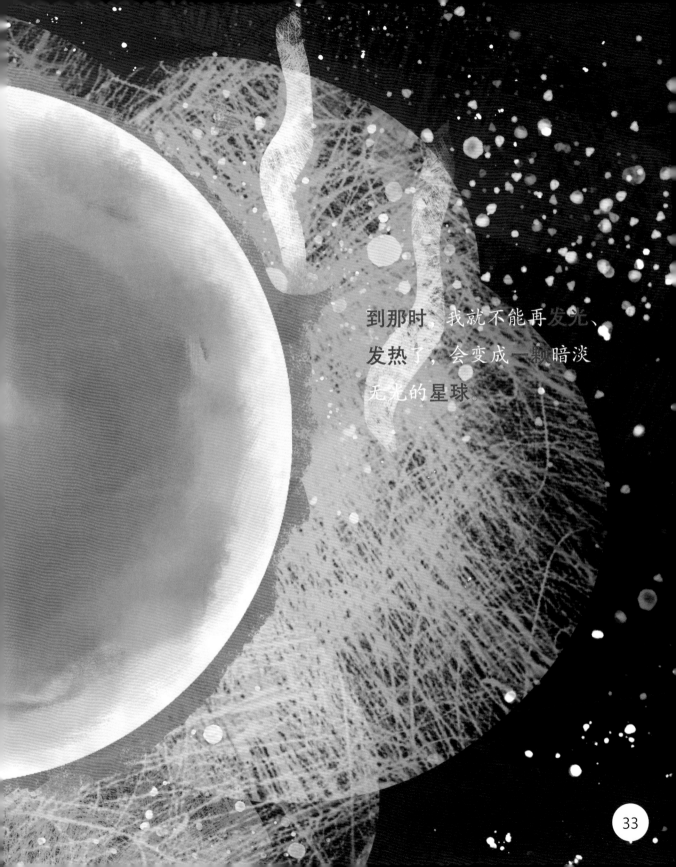

到那时，我就不能再发光、发热了，会变成一颗暗淡无光的星球。

阳光是地球能源的主要来源

但是，当我知道了我对**地球**的作用，以及自己**肩负**的**责任**后，便不再**难过**了。我仍然在每一分、每一秒地燃烧自己，散发着**光**和**热**。

对了，差一点儿忘记说，你们知道我距离**地球**有多远吗？足足有 **1.496 亿千米**，你们想象不到吧！

而且，我表面的**温度**实在是太高了，能达到 **6000** 摄氏度。要是飞机、火箭来了，它们还没靠近我就会瞬间气化，消失得无影无踪。

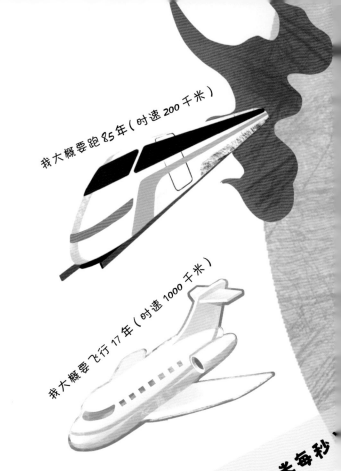

我大概要跑 85 年（时速 200 千米）

我大概要飞行 17 年（时速 1000 千米）

我到地球只需要 8 分 20 秒（光速 30 万千米每秒）

我大概需要飞行 220 天（时速 28000 千米）

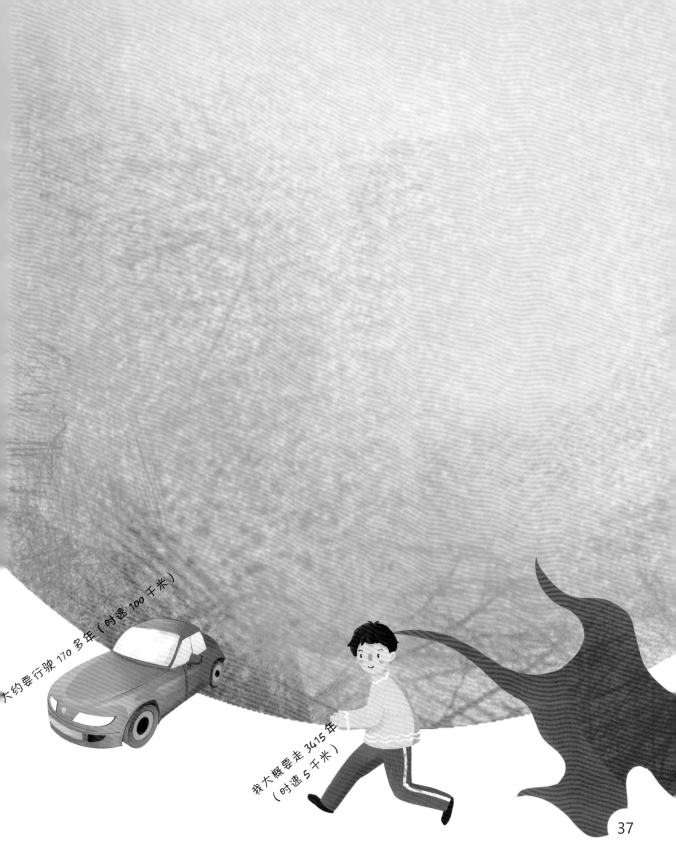

大约要行驶 170 多年（时速 100 千米）

我大概要走 3415 年（时速 5 千米）

37

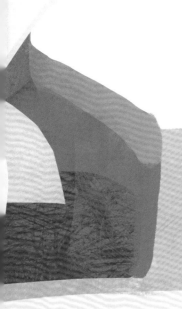

太阳先生说到这里的时候，节目结束的时间也到了。他只能带着一点儿**遗憾**同小朋友们说再见了。最后，他希望小朋友们能**努力学习**，帮他**解开**身上那些还**未破解的秘密**！

图书在版编目（CIP）数据

万物有话说 . 1, 我是太阳先生 / 黄胜文 . —— 海口：
海南出版社，2024.1
　　ISBN 978-7-5730-1408-5

　　Ⅰ . ①万… Ⅱ . ①黄… Ⅲ . ①自然科学 – 青少年读物
Ⅳ . ① N49

中国国家版本馆 CIP 数据核字 (2023) 第 220242 号

万物有话说　1. 我是太阳先生

WANWU YOU HUA SHUO 1. WO SHI TAIYANG XIANSHENG

作　　　者：黄　胜
出 品 人：王景霞
责任编辑：李　超
策划编辑：高婷婷
责任印制：杨　程
印刷装订：三河市中晟雅豪印务有限公司
读者服务：唐雪飞
出版发行：海南出版社
总社地址：海口市金盘开发区建设三横路 2 号
邮　　编：570216
北京地址：北京市朝阳区黄厂路 3 号院 7 号楼 101 室
电　　话：0898-66812392　　010-87336670
邮　　箱：hnbook@263.net
经　　销：全国新华书店
版　　次：2024 年 1 月第 1 版
印　　次：2024 年 1 月第 1 次印刷
开　　本：889 mm × 1 194 mm　1/16
印　　张：16.5
字　　数：206 千字
书　　号：ISBN 978-7-5730-1408-5
定　　价：168.00 元（全六册）